22.79

W

Evanston Public Library

Y0-ADW-569

Spanish x574.9 Gouck.M

Gouck, Maura.

La Gran Barrera de
Arrecifes /

MAR 2 5 1996

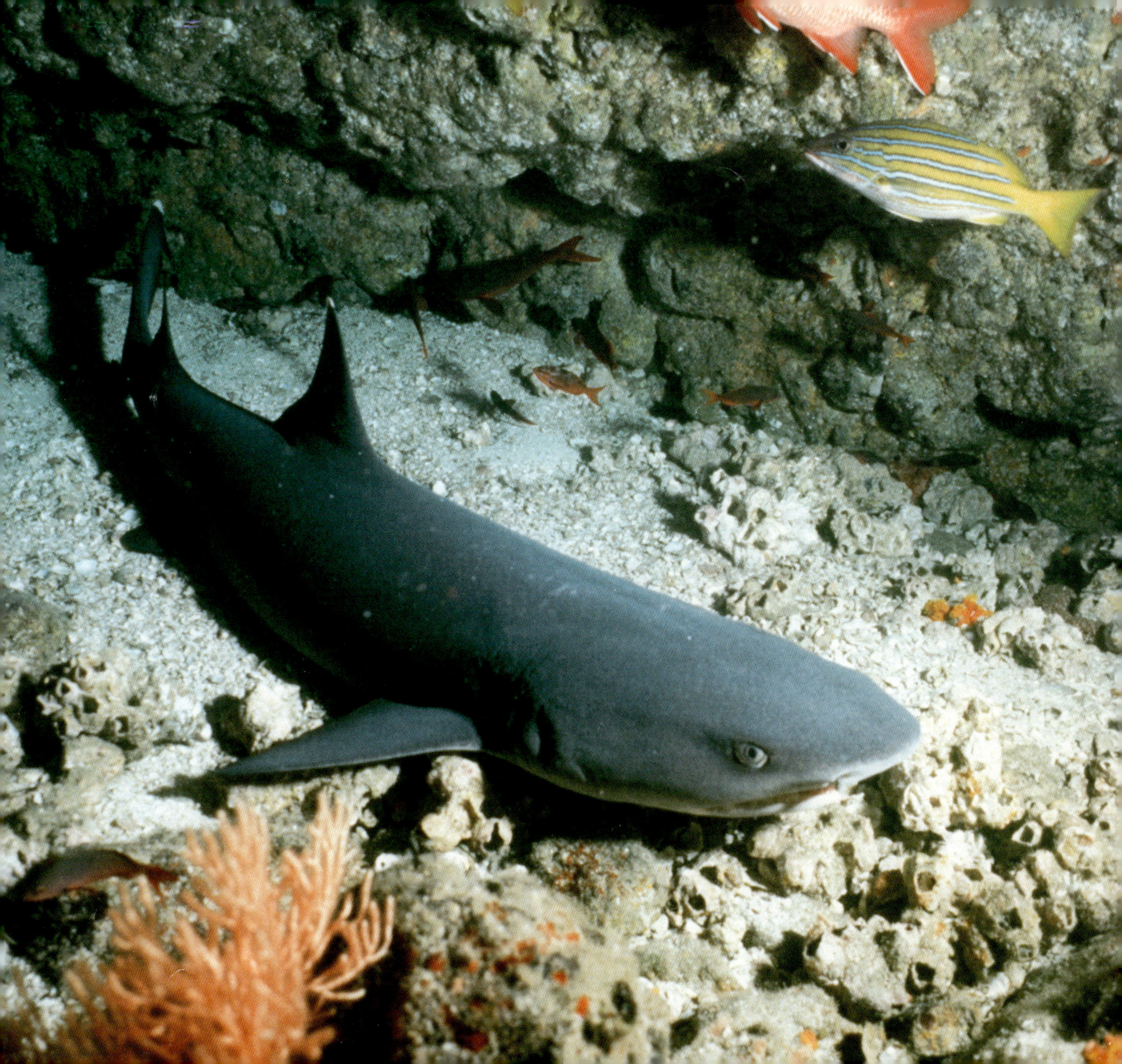

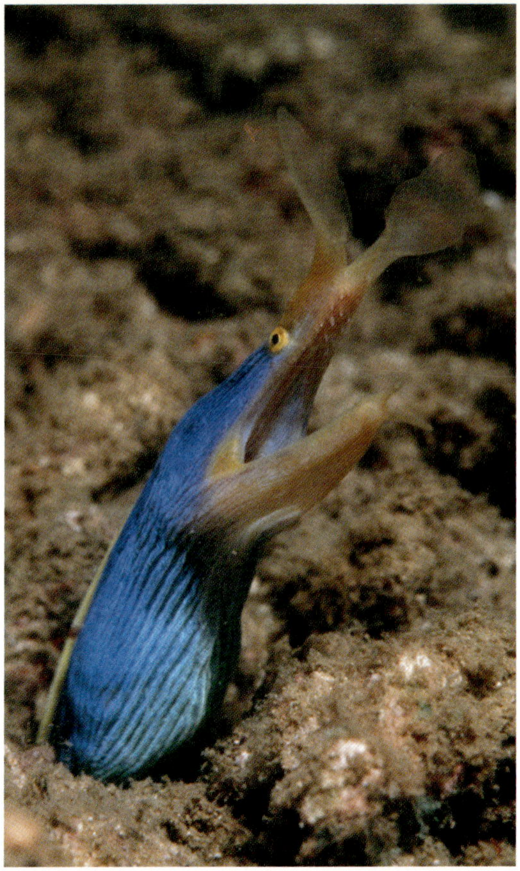
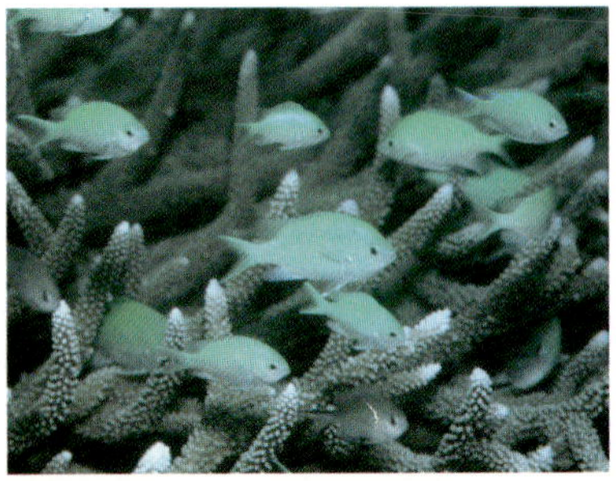
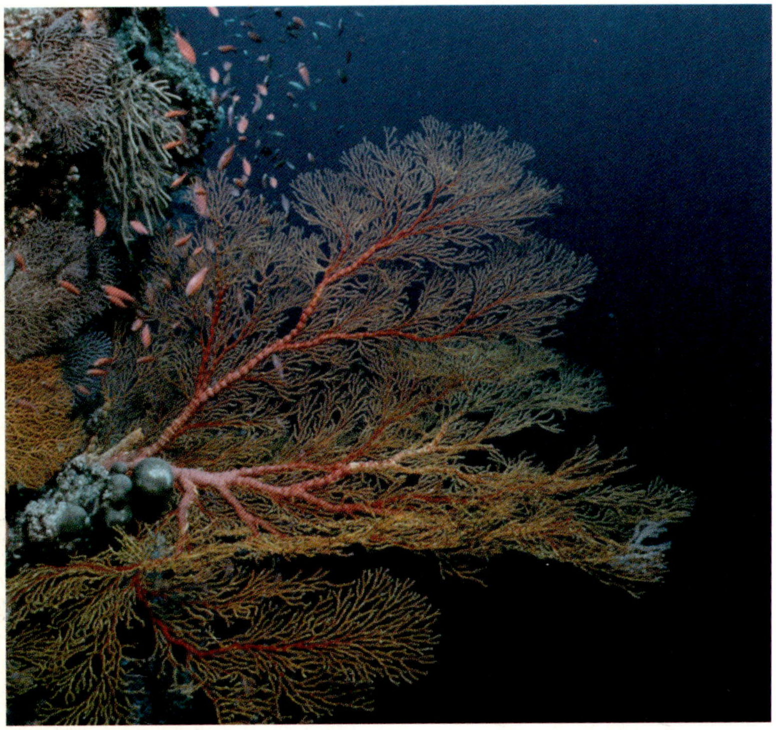
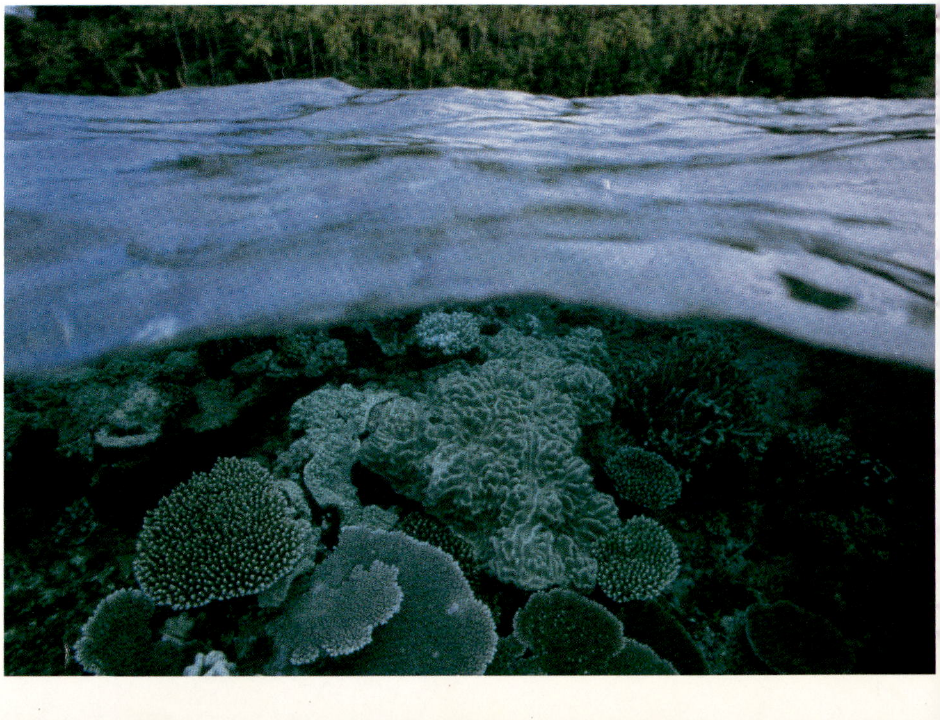

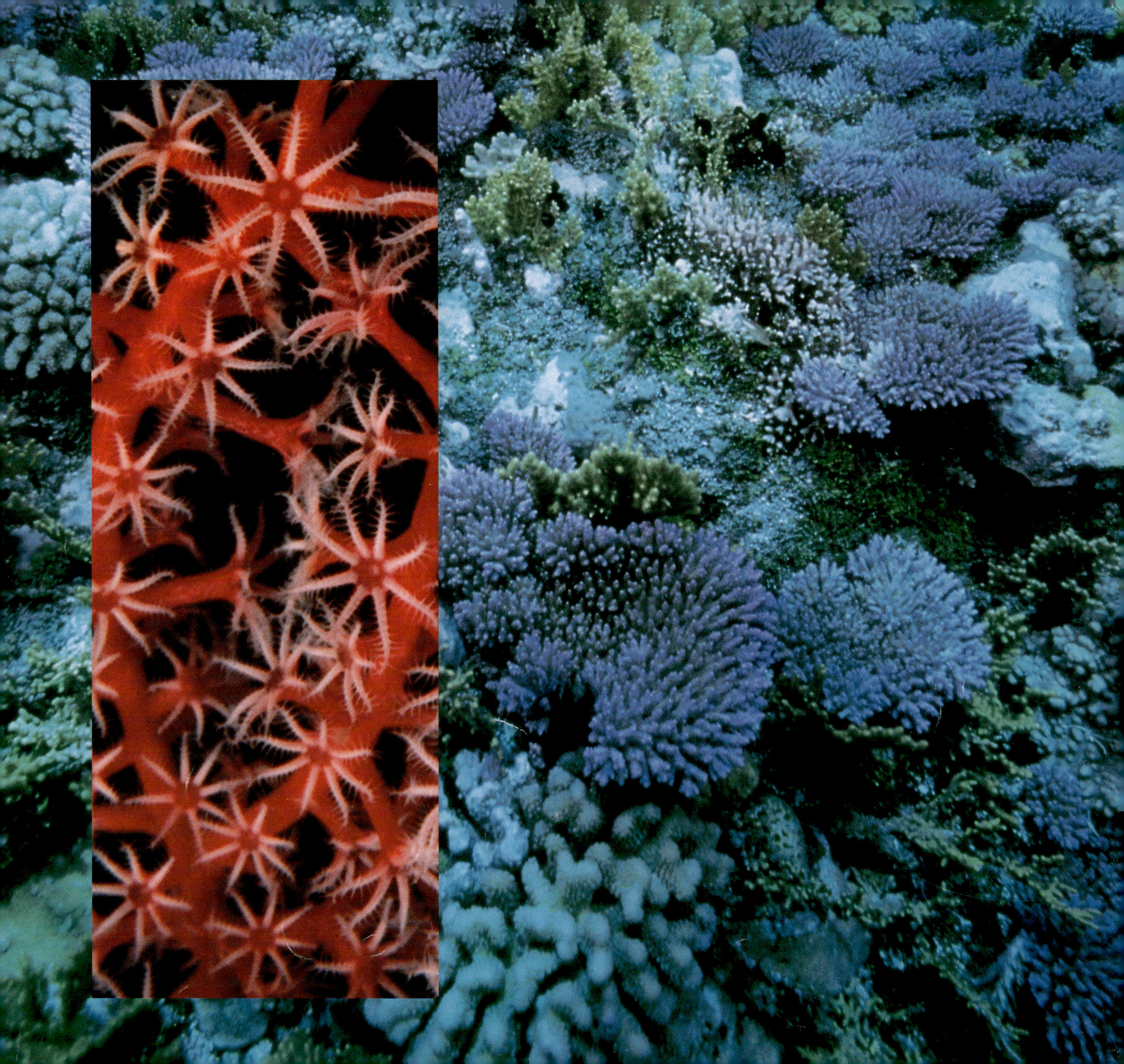

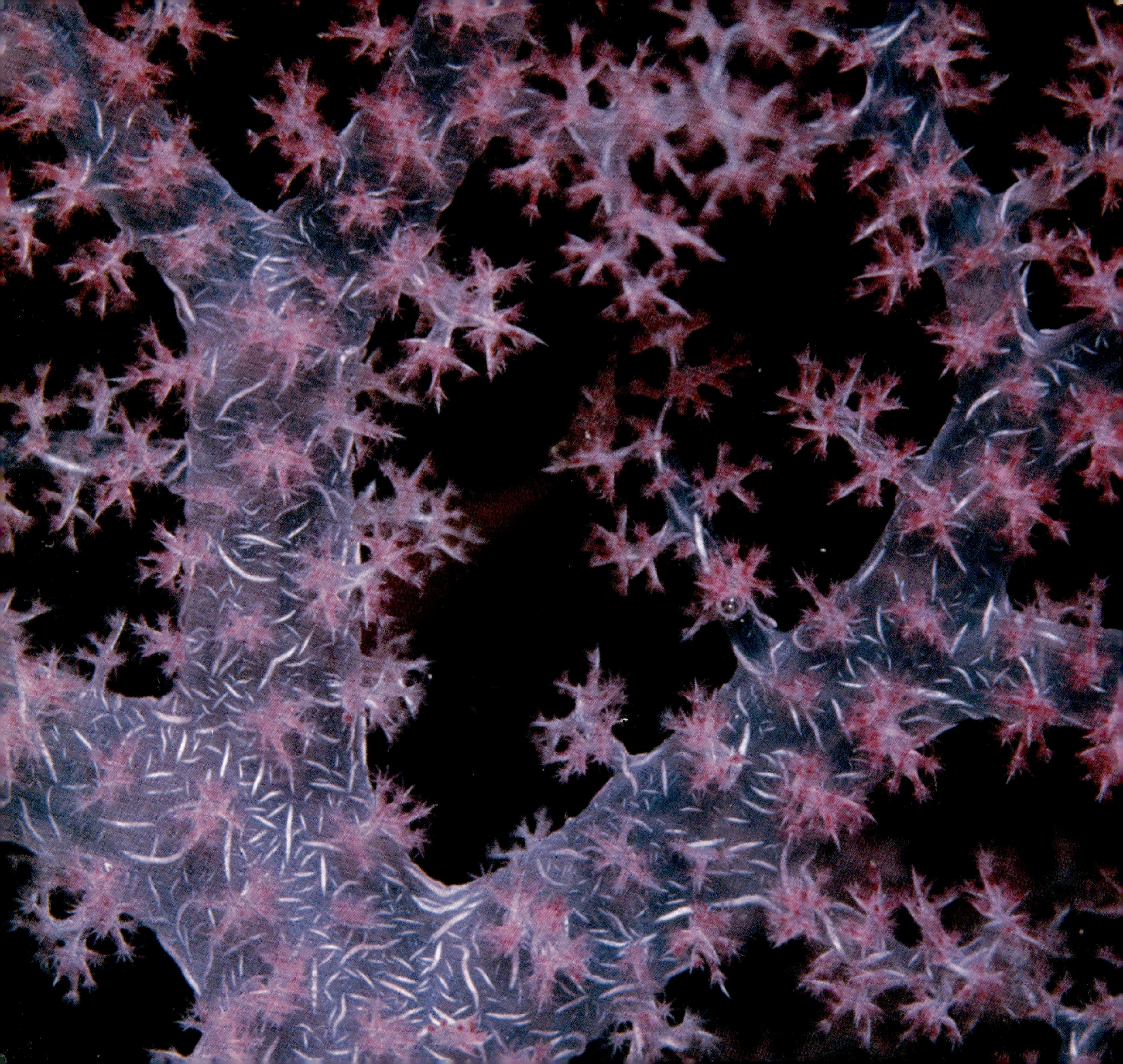

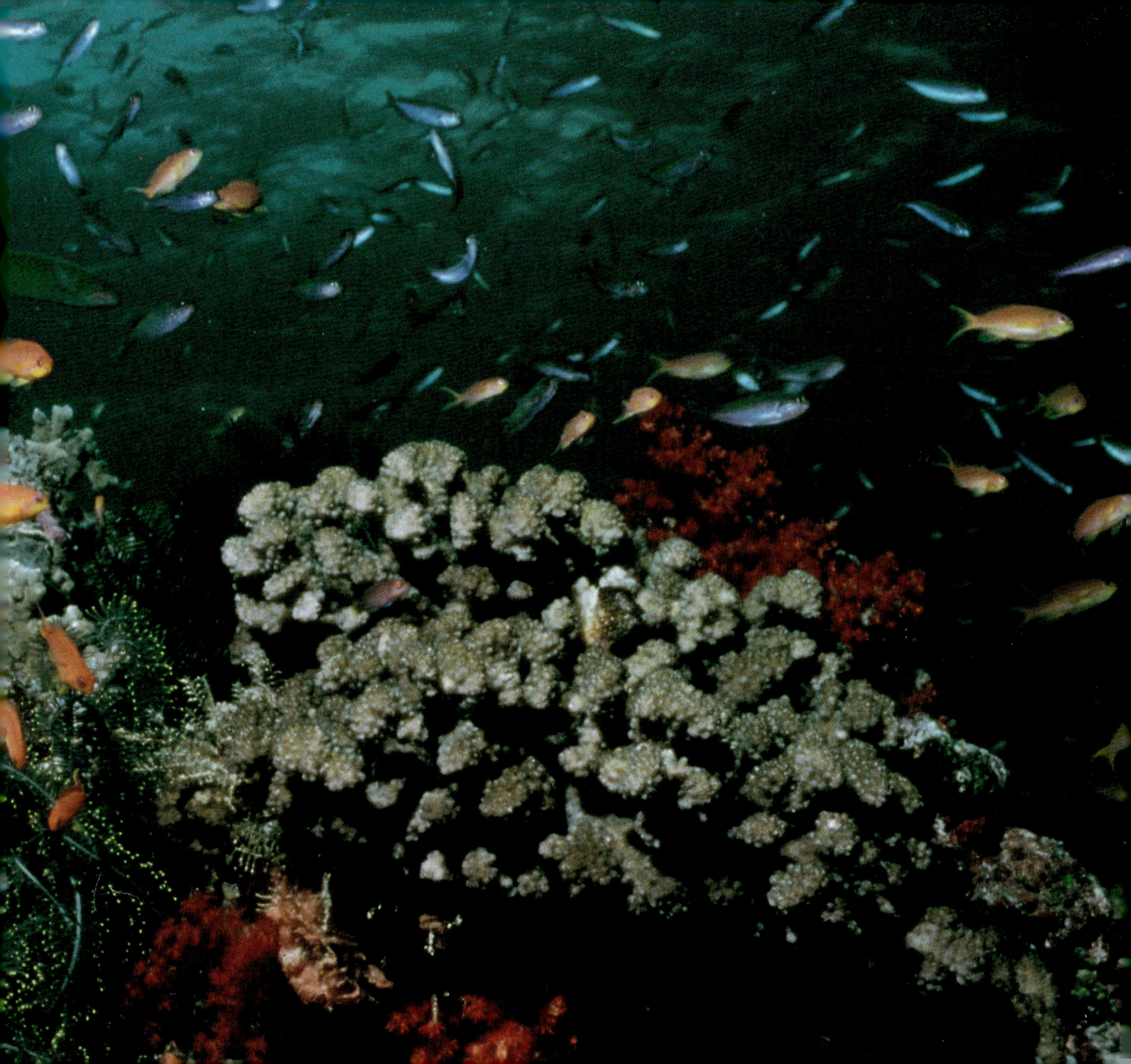

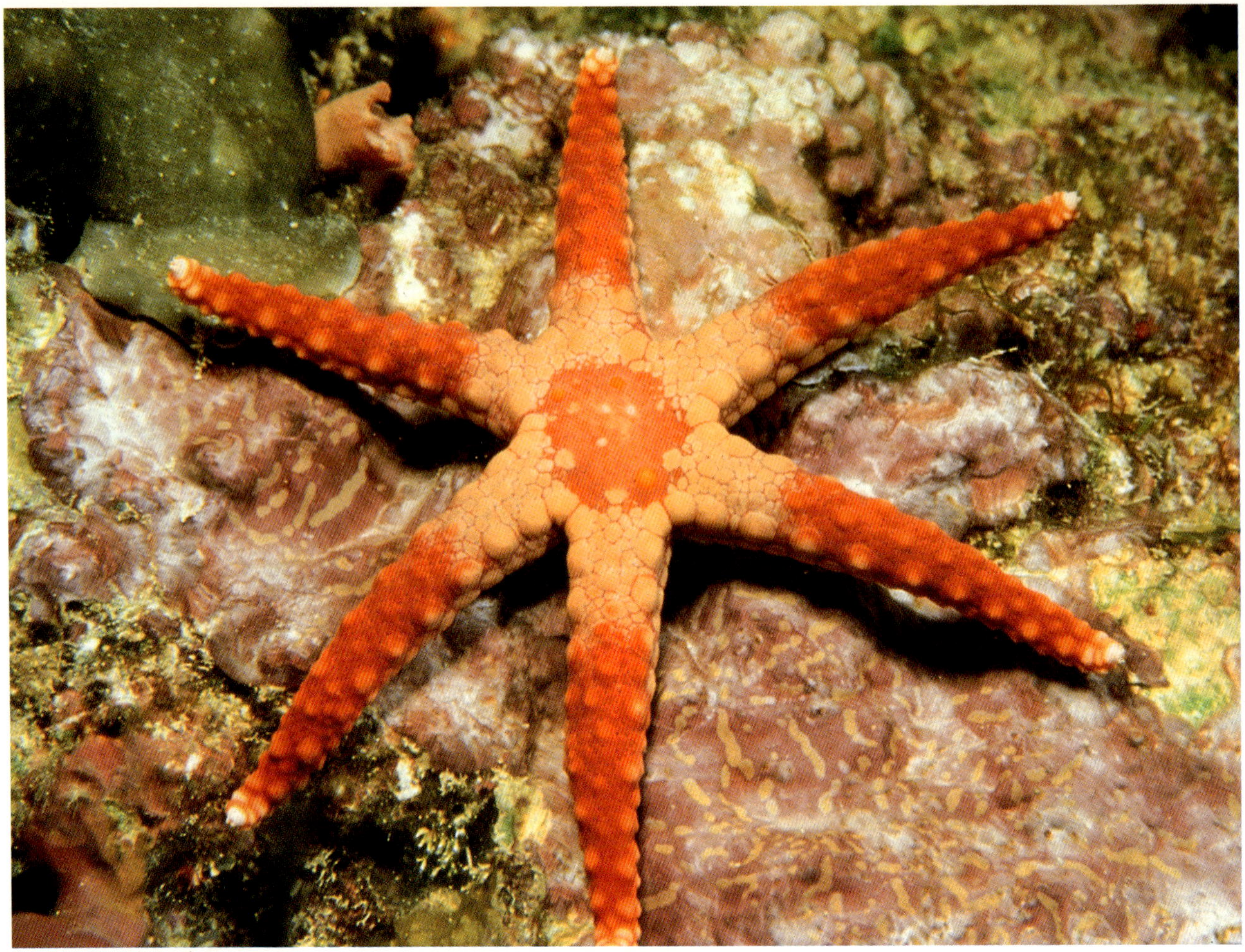
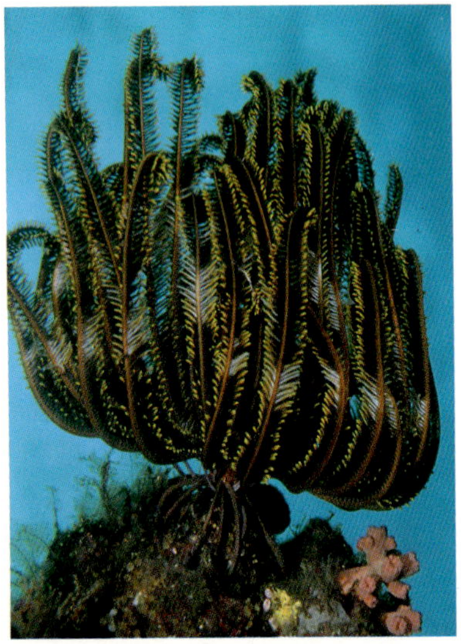
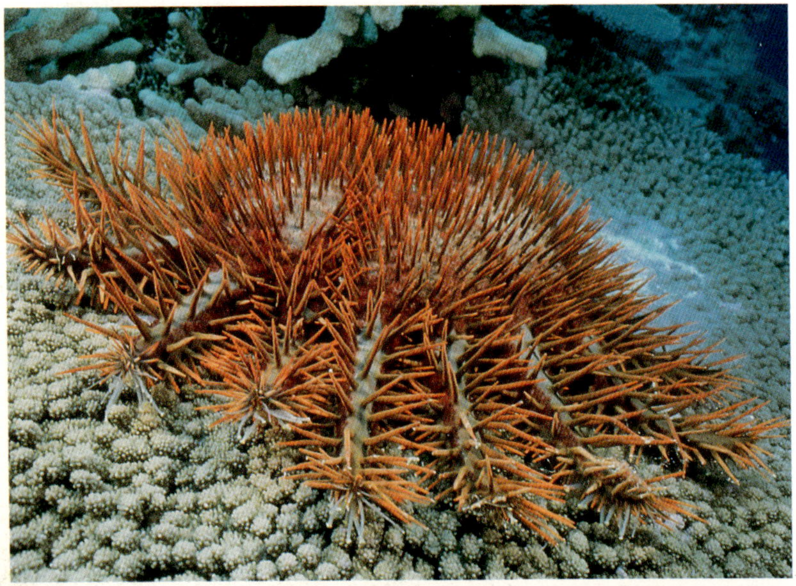
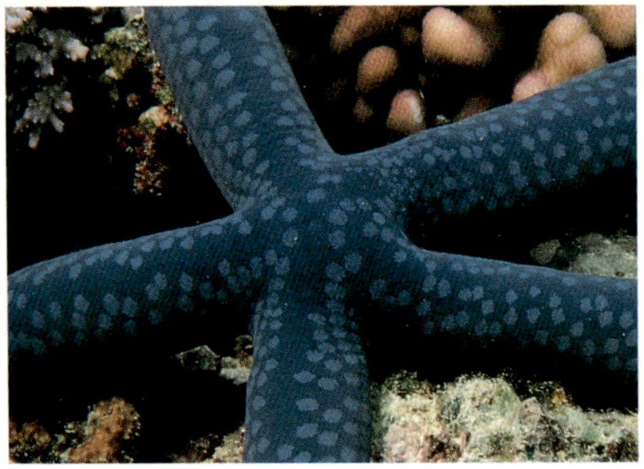

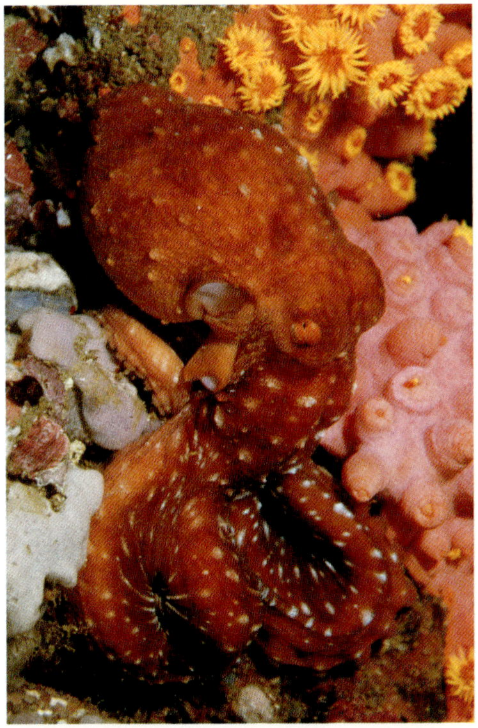
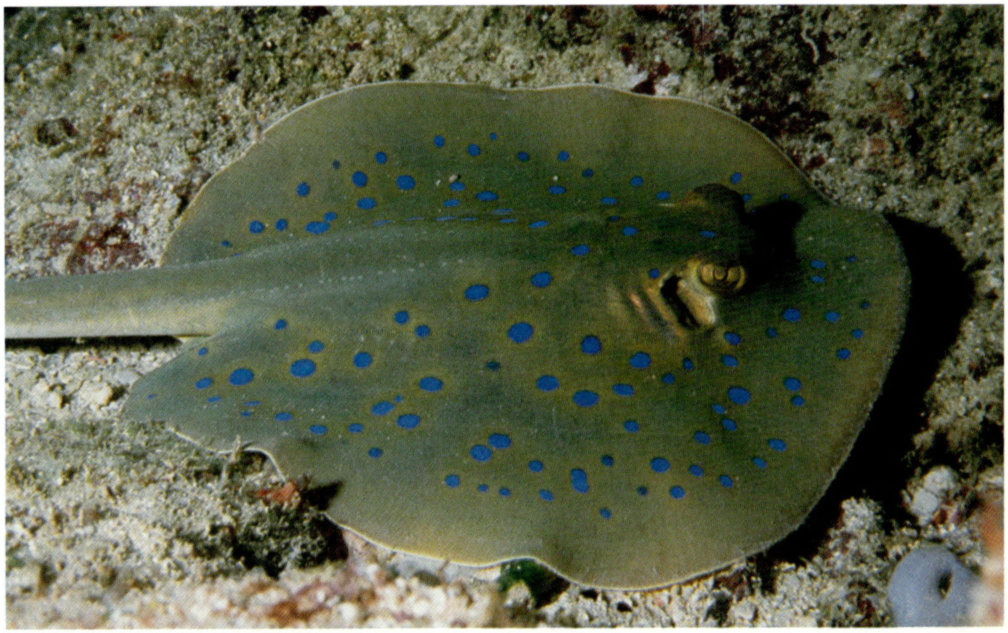
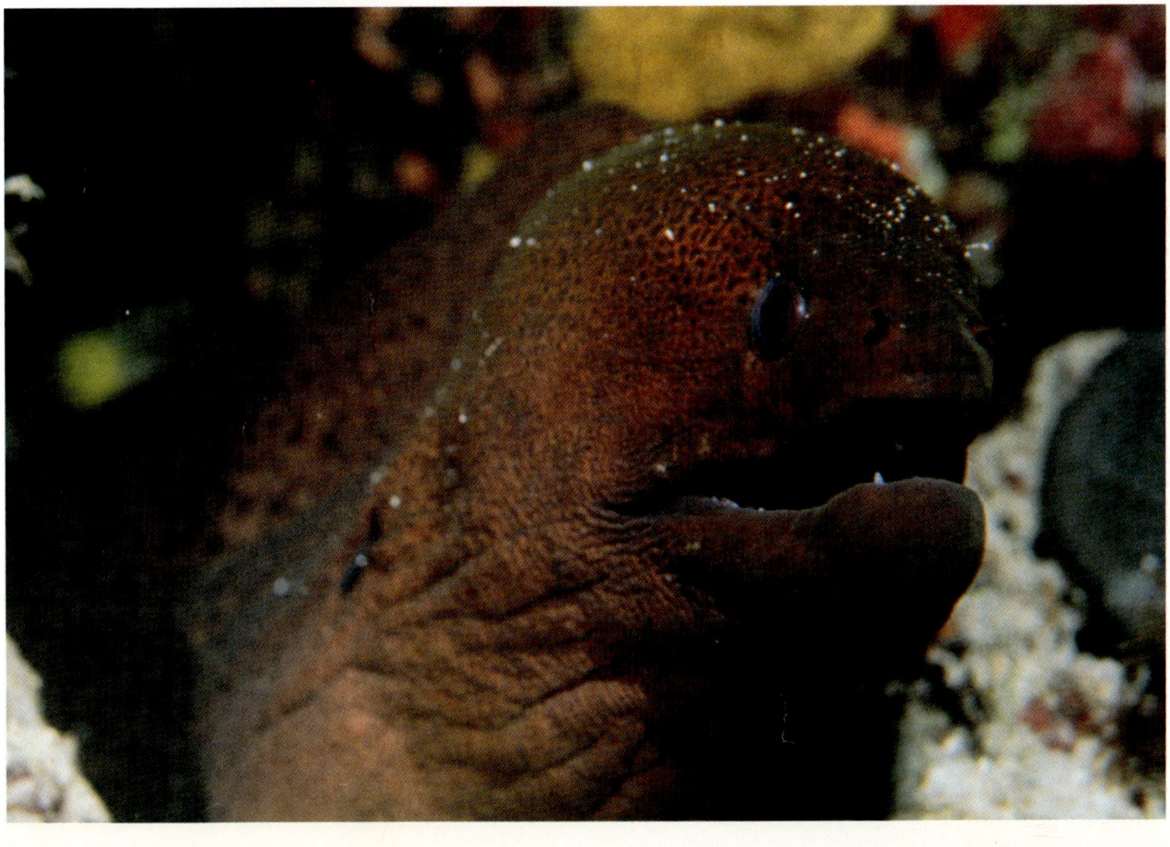
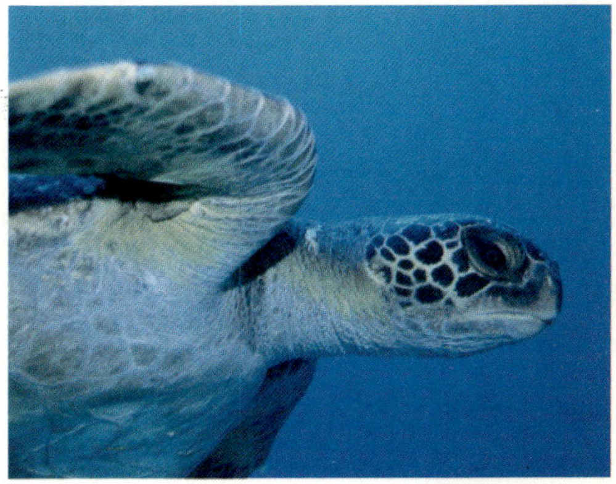

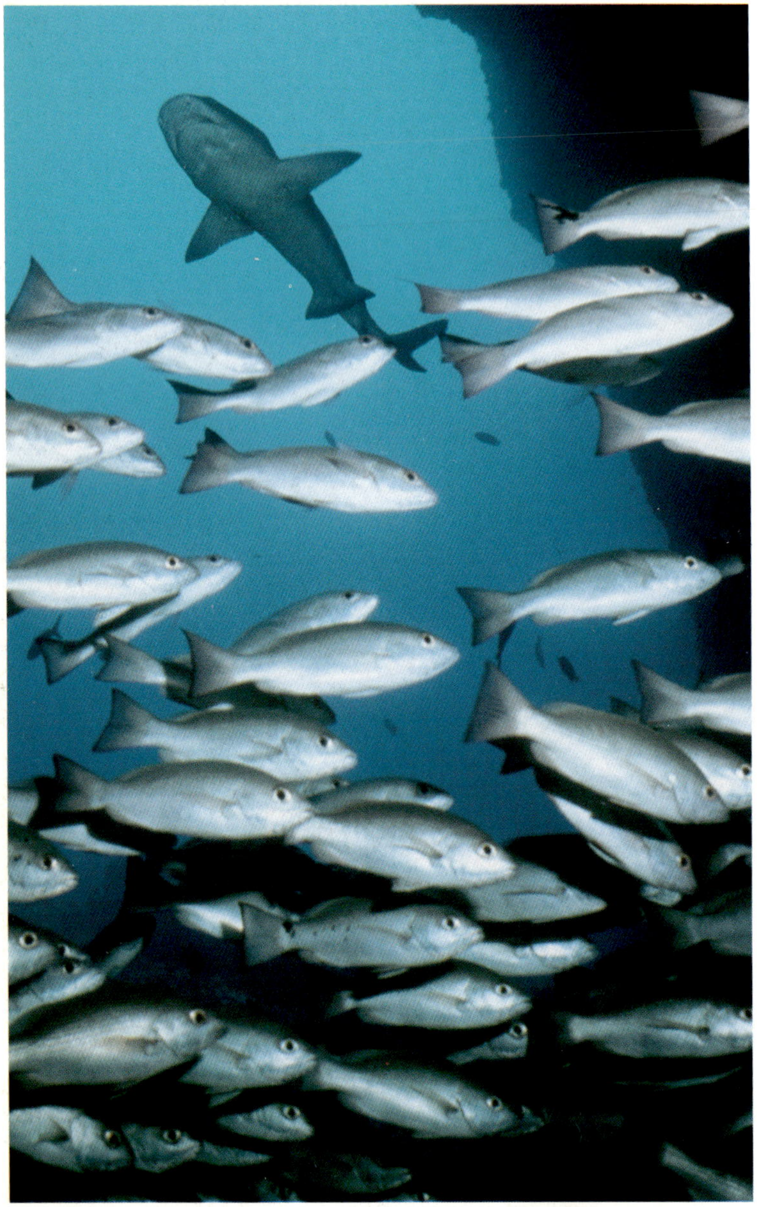
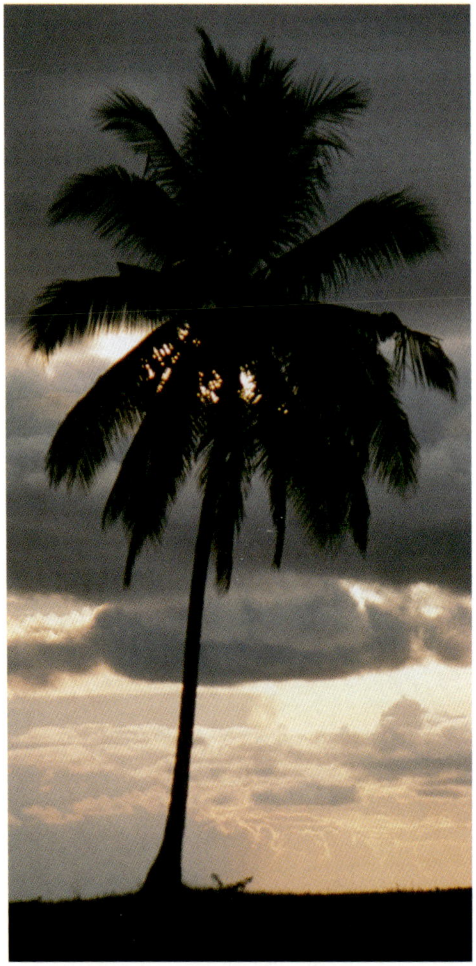
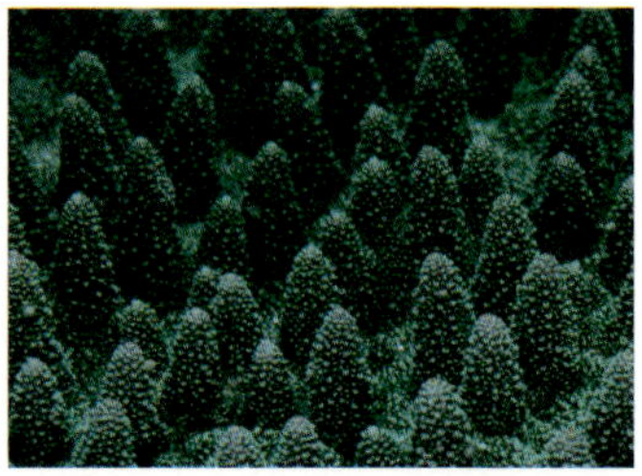
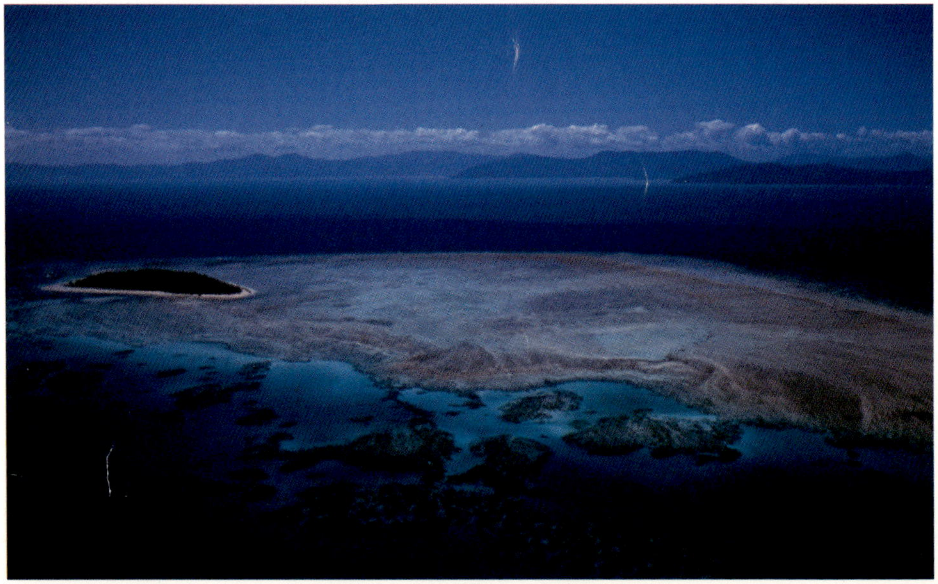

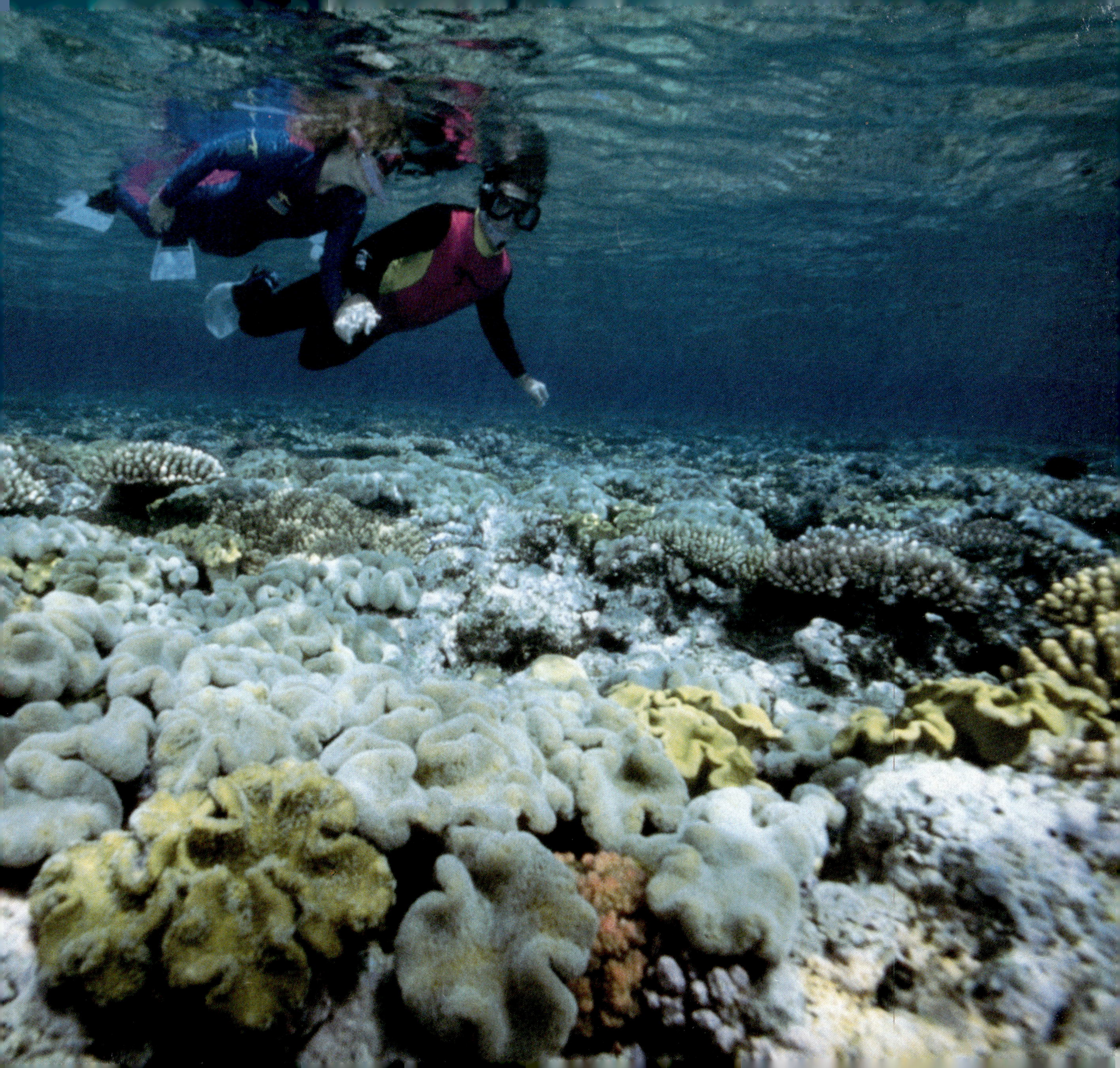

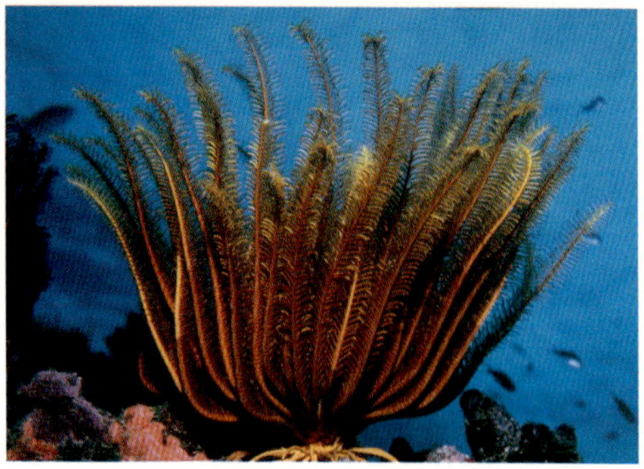
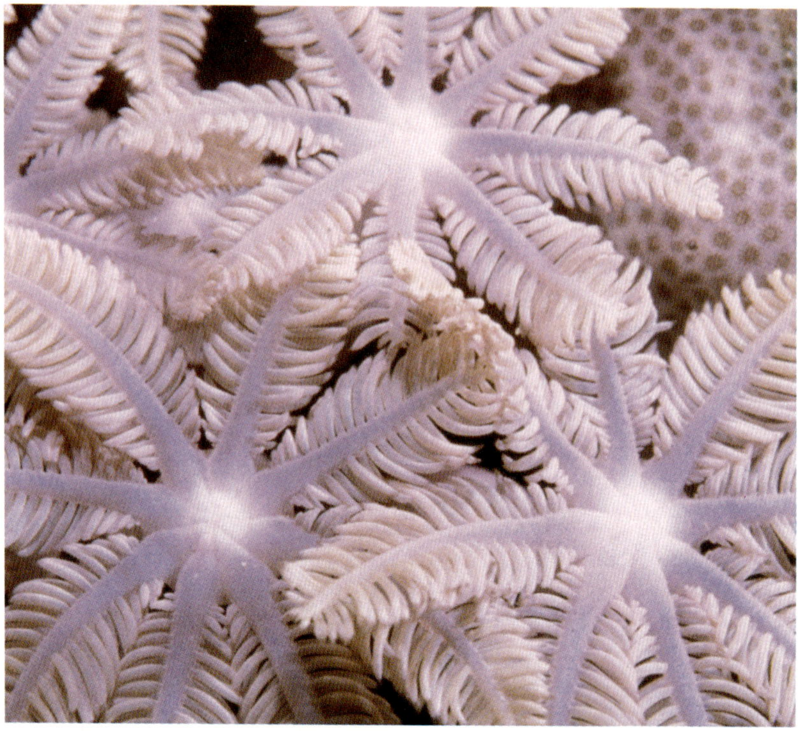
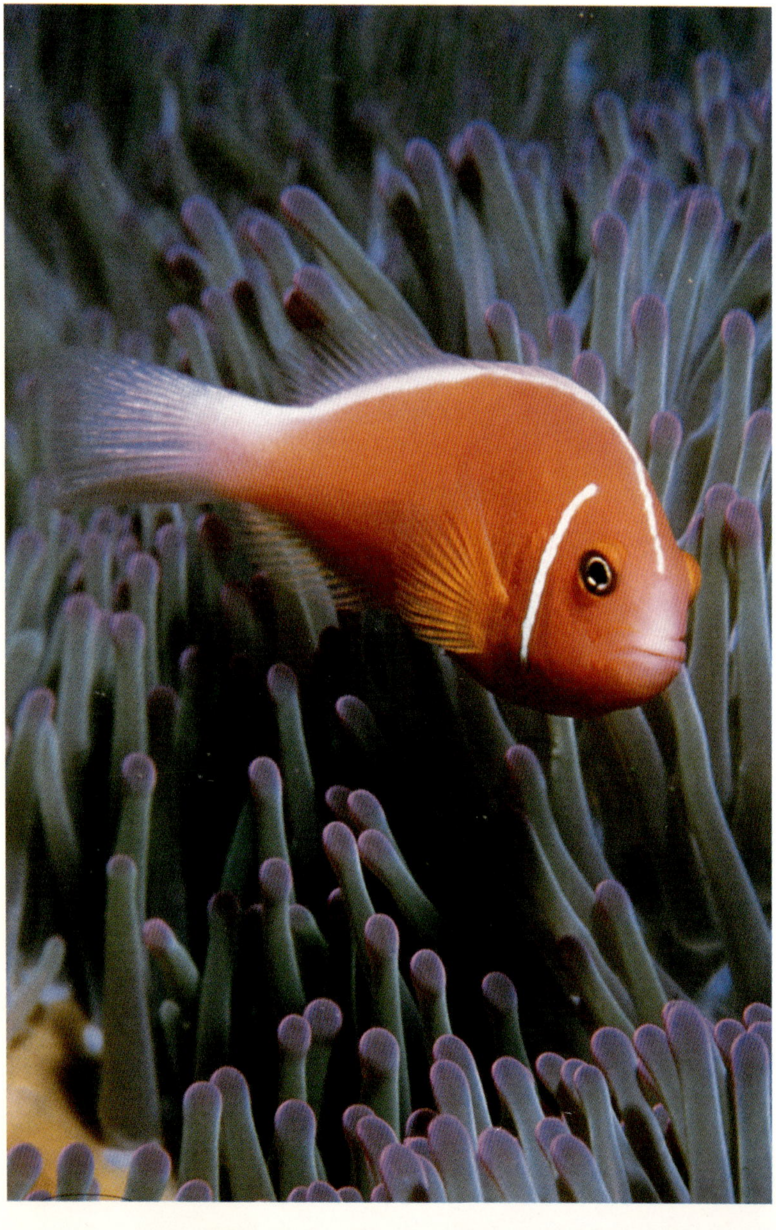
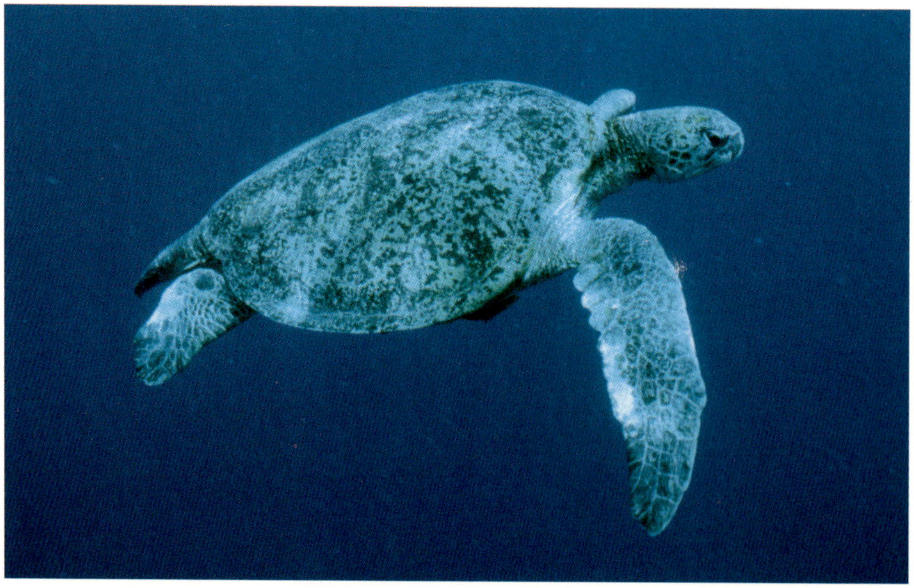